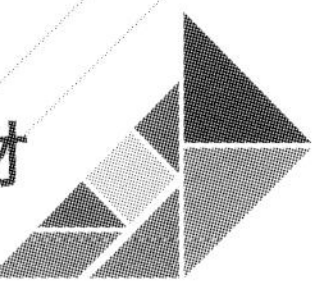

21世纪高职高专艺术设计规划教材

室内软装配饰设计

刘惠民　杨晓丹　刘永刚　王玉　　编著

清华大学出版社
北京

内 容 简 介

本书从内容上讲主要分为5章，第1章介绍了装饰历史，第2章介绍了常见的软装元素，第3章介绍了家庭软装设计，第4章介绍了软装实操流程及合同的制作，第5章是经典案例赏析，通过经典实例的学习提高专业创作水平。

本书具有一定的实用价值和专业的针对性，没有一味地追求理论知识，而是把案例放在首位，因此适合所有室内设计人员、新兴行业——配饰设计师的培训和初到室内设计岗位工作的设计者使用。

本书适合本科和高职高专环艺类专业学生学习，也适合相关从业人员参考。

图书在版编目(CIP)数据

室内软装配饰设计/刘惠民等编著. --北京：清华大学出版社，2014(2015.6 重印)

21 世纪高职高专艺术设计规划教材

ISBN 978-7-302-34826-9

Ⅰ. ①室…　Ⅱ. ①刘…　Ⅲ. ①室内装饰设计—高等职业教育—教材　Ⅳ. ①TU238

中国版本图书馆 CIP 数据核字(2013)第 310876 号

责任编辑：张龙卿
封面设计：徐日强
责任校对：刘　静
责任印制：沈　露

出版发行：清华大学出版社

网　　址：http://www.tup.com.cn，http://www.wqbook.com
地　　址：北京清华大学学研大厦 A 座　　**邮　　编：**100084
社 总 机：010-62770175　　**邮　　购：**010-62786544
投稿与读者服务：010-62776969，c-service@tup.tsinghua.edu.cn
质 量 反 馈：010-62772015，zhiliang@tup.tsinghua.edu.cn
课 件 下 载：http://www.tup.com.cn,010-62795764

印 装 者：北京亿浓世纪彩色印刷有限公司
经　　销：全国新华书店
开　　本：210mm×285mm　　**印　张：**7.75　　**字　　数：**221 千字
版　　次：2014 年 3 月第 1 版　　**印　　次：**2015 年 6 月第 2 次印刷
印　　数：2001～3000
定　　价：48.00 元

产品编号：056030-01

前言

随着时代的发展，生活变得多元化，人们对居住环境的要求越来越高，对室内空间装饰在精神层面上的要求也越来越高。国内的装修市场随着这一变化，也悄悄地发生了改变，室内软装配饰作为室内装修的一部分，也逐渐将扩展成为一个新兴的行业。而目前关于室内软装配饰设计类的教材寥寥无几，或没有进行一个较全面、较系统地分析，或给出方案没有典型的代表性，不能满足职业的需求。本教材打破了传统的以知识点为教学流程的方式，以行业的发展为主线，以风格的搭配为目标，选择合理、适用、够用为原则的知识点，并结合了大量的典型性图片、优秀的配饰搭配实景作品，来组织本书的内容。使本书更贴近专业，更贴近实际。

本书从软装的特点、应用范围、操作方法及相关案例分析等方面进行了介绍。

本书的编者均为多年在高校环艺专业教学第一线从事教学工作，具有丰富的教学经验和充分的理论修养与实践经验。本书的完成，能够为高职类环境艺术设计专业学生提供一份珍贵的参考资料，为他们在专业学习中提高配饰设计能力提供很好的帮助。

本书是环艺专业实践类教材，从配饰的基本概念入手，系统而全面地讲述了配饰发展的历史及特点，以及在各个不同时期及不同风格中配饰设计的运用方法，并配备了很多案例图片，这些图片都是在工作实践中整理出来的真实项目照片，具有很强的参考价值，能够很好地引导学生从设计的角度、从空间的环境特点出发，以实践及市场的需求为引导，合理配饰，从文化和内涵上提升生活空间的质量和品位。

在这里特别感谢李红阳设计师，她为本书的编撰提供了非常大的帮助，也为本书补充了很多当前流行的配饰元素，使得本书具有很强的时尚引领性和可读性。

编　者

2014.1

目 录

室内软装配饰设计

第1章 装饰历史

第 2 章 软装元素

第 3 章　家庭软装设计

第 4 章　软装实操流程及合同的制作

第 5 章　经典软装案例赏析

参考文献

第1章 装饰历史

本章学习目标：

- 了解建筑装饰的历史和风格特点
- 掌握构成装饰风格的元素符号
- 对室内配饰的概念和界定能充分地理解

1.1 建筑的历史

从最初的原始人栖居于树上或洞穴，到劳动工具的出现，在建筑中出现地面的居所。后来随着原始人的定居，开始有了村落的雏形。直到最近的二百年内，世界各地的建筑无论在规模上还是技术上，都发生了空前的变化。可以这样讲，自古至今，在世界各地，建筑都代表人类文明的里程碑。

1.1.1 拜占庭建筑风格——圣索菲亚大教堂

位于君士坦丁堡的圣索菲亚大教堂是拜占庭时期最光辉的建筑代表，它是皇帝举行重要仪典的重要场所，同时也是拜占庭王国极盛时代的纪念碑。

圣索菲亚大教堂的内部空间既集中统一又曲折多变。中央穹顶下的空间南北隔开，东西两侧则连在一起。

穹顶的底脚，相隔两个柱体之间都有窗子，一共有40个。它们是圣索菲亚大教堂内部照明的唯一光源。在教堂内部的朦胧之中，这圈窗户和多层次的空间结构，引起人们对空间漫无边际的幻觉，如图1-1所示。

图1-1 圣索菲亚大教堂内部空间

1.1.2 文艺复兴建筑风格——佛罗伦萨主教堂

佛罗伦萨主教堂于 1296 年开始动工，它的穹顶标志着意大利文艺复兴建筑史的开始，同时这个穹顶也是世界上最大的穹顶之一。主教堂内部的空间开阔敞亮，但装饰很朴素。西面的大厅长约 80 米，分为 4 间，内部空间既高又开敞。

图1-2 佛罗伦萨主教堂

主教堂西立面的南边是钟塔，高 84 米。教堂的对面是一个八边形的洗礼堂，高约 31 米，内部是穹顶覆盖，外表是八边形椎体。本建筑群是由主教堂、洗礼堂和钟塔三座建筑共同组成。

佛罗伦萨主教堂的正面、洗礼堂和钟塔是以各种颜色的大理石装饰饰面，是市中心广场上多变又统一的一道壮丽景色。主教堂的穹顶和旁边的钟塔是城市外轮廓线的制高点。如图 1-2 所示。

1.1.3 哥特式建筑风格——科隆主教堂

哥特式教堂的中厅一般不宽，但很长，两侧支柱的间距不大，中庭很高，拱券尖尖，因此，教堂内部导向祭坛的动势很强。

科隆主教堂内部裸露着近似框架式的结构，支柱之间是窗户，占满整个空间，是最适宜装饰的地方。而支柱由垂直线组成，几乎没有墙面。雕刻、壁画之类的装饰无所附丽，俊俏清冷。

到了 14 世纪，哥特式教堂的内部开始注重起装饰，拱顶上的骨架编织成复杂的图案，玻璃窗花也开始多样起来，窗户开始用四圆的心券形状。

当然，在哥特教堂的内部，宗教气氛仍然占有着主导地位。

1.1.4 古典主义建筑风格——凡尔赛宫

位于巴黎的凡尔赛宫是法国绝对军权最重要的纪念碑。

凡尔赛宫最主要的大厅西面的窗子对面是 17 面大镜子，因此被称为镜廊。墙面用白色和淡紫色大理石装饰，壁柱的柱身是绿色的大理石，柱头和柱础是铜质的，镀金。檐壁上塑有花环，檐口有天使，也是金色的。拱形穹顶绘有 9 幅国王的史迹画。整个镜廊装饰得金碧辉煌。如图 1-3 所示。

图1-3 凡尔赛宫

1.1.5 浪漫主义建筑风格——英格兰银行

英格兰银行是英国罗马复兴建筑的最后一个代表。它的外面和内院都是罗马复兴式的，但是已经有了希腊复兴的元素。旧利息大厅的天窗下，16 个少女雕像是仿制雅典卫城上的女郎柱。

英格兰银行的重要意义在于其建筑用了铸铁和大量的玻璃，并利用它们创造出了多种天窗和采光厅的新样式。利息大厅的天窗就是一个利用铁构架的玻璃穹顶，充分利用了新结构的轻盈和崭新的光线效果。如图 1-4 所示。

图1-4　英格兰银行内部

1.1.6　折中主义风格——巴黎歌剧院

19 世纪之后，资本主义社会发展极快，一个世纪之中，欧洲和北美的城市建筑，超过了以往的总和。

个别建筑物以杂糅历史的样式建造，巴黎歌剧院就是一个典型的代表。它的立面构图骨架是鲁佛尔宫东廊的样式，但是加上了巴洛克的装饰。

众厅的顶像一顶皇冠。门厅和休息厅也十分华丽，花团锦簇，满是巴洛克的雕塑、绘画等装饰，富丽堂皇。歌剧院的主楼梯厅，设有三折楼梯，是歌剧院建筑艺术的中心。如图 1-5 所示。

图1-5　巴黎歌剧院

1.2　室内设计的历史

自从世界上有了建筑，对于室内空间的装饰发展也同时开始。从原始人穴居的洞窟墙面上刻画的兽形和围猎的图案，到古罗马庞贝城中贵族宅邸内墙面的装饰、大理石的地面以及家具、灯饰等的精细，再到如今我们的室内设计风格日臻完美，艺术风格更趋成熟。同时，历代各具特色的装饰风格和设计手法，仍然是我们进行创作时可借鉴的设计素材源泉。

罗马式：罗马人好战，公元前 3 世纪，罗马成了帝国，这是古罗马帝国最强大的时期，也是建筑发展最繁荣的时期。这个时期，奴隶制度极盛，经济发达，技术空前进步。凭借着当时发达的建筑技术，出现了代表着罗马建筑的最大成就——拱券技术。

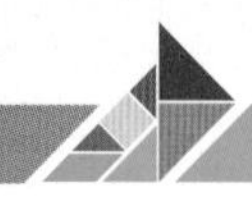

罗马城的居住建筑主要分为天井式住宅和公寓式集合住宅。天井式住宅的中心是一个矩形的大厅，屋顶中央有一个透明的天井口。下雨的时候，雨水顺着屋檐落入院中，在相应的地方有一个蓄水池。大厅的后面是3间正屋，中央一间特别精美。天井的侧面是餐厅，地面铺有图案复杂精美的马赛克，色彩多样。住宅中常有色彩艳丽的壁画，陈设有三脚架、花盆，甚至还有雕像。公寓式住宅是一种出租房，楼房居多。少数比较高级的，有院落，主人居住在底层，上面出租。比较差的，底层是店铺，后面是作坊，主人居住在上面。

哥特式：12 ~ 15 世纪市民们的住宅和公共建筑，大多采用木构架，有梁、柱等构件，完全落楼，涂成黑、蓝等暗色。构架之间用砖头填充，有时抹白灰，色彩对比鲜明。

因为城市比较拥挤，建筑的楼层高挑，有高耸的屋顶，内置阁楼。建筑物的平面根据实际的生活需求而设计，门窗随意安排。经过匠师们的巧妙设计，建筑物外形中露出的木构架组成不同的图案，建筑各具特色。外置的楼梯、阳台、凸窗等将此建筑物点缀得更加生机盎然。

文艺复兴式：15 ~ 16 世纪，意大利的文艺复兴建筑成就最高。住宅建筑中的资产阶级住宅，积极地向罗马建筑学习，严谨的古典柱式重新主宰着建筑，与中世纪追求自由通俗的市民建筑大相径庭。

文艺复兴风格追求自然主义，它丢弃了哥特式建筑的特点，在建筑中重新采用希腊、罗马时期的柱式构图要素，并创造了新的建筑形制、新的空间组合和艺术表现手法，造就了西欧建筑史上的新高峰，并为日后的发展奠定了坚实的基础。

巴洛克式：“巴洛克”的原意是畸形的珍珠，衍义为拙略、虚伪、矫揉造作或风格卑下、文理不通。此时的教堂建筑，内部大量装饰着壁画和雕刻、大理石、铜和黄金，富贵之气横溢。爱用双柱，常用叠柱式，开间的宽窄差异较大。空间内部追求强烈的体积和光影变化，内部的装饰有意地制造出反常出奇的新样式。

20 世纪 30 年代后的教堂，采用圆形、椭圆形、梅花形等形制，常常运用曲线、曲面在内部空间形成波浪形的流动，很难准确把握它们的形象。

洛可可式：在建筑上，洛可可风格主要表现在室内装饰上，所营造的是一种更柔媚、细腻、纤巧的风格。壁柱采用镶板或镜子装饰，四面用细巧、精美的边框，内部装饰有凹圆线脚、柔软的涡卷、色彩艳丽的小幅绘画、薄浮雕等。

装饰中最常用的是变化多样的舒卷、纠缠的草叶，还有蚌壳、蔷薇、棕榈，并用于室内家具的装饰上。室内色彩常用嫩绿、粉红等娇艳的颜色，线脚多用金色，棚顶涂天蓝色，并绘有白云。墙上大量装饰镜子，棚顶挂水晶吊灯，陈设瓷器，壁炉用磨光大理石，大量使用金器等。充满脂粉气的环境反映出贵族社会的腐朽没落和不能自拔。

西班牙殖民地时期风格：在西班牙的殖民地里，移民们用手中可以得到的各种材料建造住宅，主材是木材和黏土。梁柱一般用原木的，墙垣用黏土，屋顶是平的。在这质朴的住宅外窗上加一个铸铁的窗罩，木制的阳台，盛饰的门，整个建筑散发着浓郁的乡村气息。比较富裕的人家也会在住宅的外部用彩色的釉面砖装饰，门窗的周围则采用一些巴洛克式的装饰。

伊斯兰式：在伊斯兰，由于受到戒律的约束，住宅一般分为楼上和楼下两部分，男子在楼下的客厅、作坊活动，女子在楼上做家务。楼上住宅的窗子和阳台一般用密实的格栅挡起来，不让外人看到。

室内墙上饰有石膏板，做出一些大小不一的龛，大的放被褥，小的放日常用品。这些龛在墙面上的位置和大小很注意构图的匀称，龛的形式精美，镶着纤细的镂空花边。门扇、窗扇、柱子上也有精美的雕刻装饰，墙上一般用石膏做出阿拉伯图案的透雕。

东南亚式：东南亚大多数国家的中世纪文化大多受到印度的强烈影响，伴随着佛教和印度教的传播，大量地兴建庙宇。

东南亚的泰国就是一个佛教国家，在16世纪建造的国王陵墓窣堵波，塔体如覆钟，表面光洁，建筑上部是尖削的圆锥体，密匝着小巧的环。柱廊的垂直线条较突出，光影对比强烈，形体空灵。这些窣堵波都是砖砌的，刷成白色，与色彩浓重的木建筑对比明艳。

日式：日本的建筑以洗练简约、优雅脱俗见长。日本人习惯席地而坐，所以房屋常采用架空的木地板。后来，慢慢在经常坐的地方铺上了草席，逐渐发展为满铺又演变为有一定规格的地席。

从15世纪中叶到16世纪，日本形成了茶道。茶室也是日本建筑比较典型的一种。茶室多与庭院结合，追求原野自然的感觉。柱、梁等往往使用直接带皮的枝干，不加修饰。还有草顶、泥墙、纸门、毛石制成的踏步，仿佛没进门，就已经闻到了那淡淡的茶香。

1.3 软装饰的历史和界定

1.3.1 室内软装饰的历史

室内软装饰的历史其实与室内建筑的历史几乎是同步的，原始人洞穴时代就开始在洞壁上刻画狩猎和日常生活场景的壁画作装饰，中国古代室内多彩的彩画、雕龙画凤的门窗以及造型讲究的条桌、黄花梨的灯挂椅、碧纱窗等来装饰家居，希腊雅典卫城里秀美的爱奥尼式柱子，欧洲18世纪洛可可风格中的涡卷浮雕、舒卷着蔷薇的镜框、贴金的家具等，这些装饰都是为了满足人们追求一个亲切文雅室内空间的需求。

软装饰又被称为配饰设计，约兴起于20世纪20年代的欧洲，当时出现了很多比较著名的建筑设计师。德国的包豪斯学院具有典型的代表性，这是一所主张自由创造、创新的工艺美术学校。到了20世纪30年代，软装饰越来越受到人们的重视，开始用曲线或几何形体来装饰内部空间，装饰则用玻璃、水晶石以及一些新型的材料。随后逐渐淡化工业和科学技术对装饰材料的影响，开始注重精神层面的追求，空间内去掉附加的装饰，突出空间材料的简单、干净利索。体现“少就是多，简约不简单”的装饰理念。

1.3.2 室内软装饰的界定

关于室内软装饰的界定，我们可以做一个简单的理解，把室内空间想像成一个盒子，去掉顶部并倒置盒子，能够掉下来的东西，都可以称为室内软装。软装饰一种样式，空间中各类装饰物通过一定的组合、排列、搭配，形成具有审美性的艺术现象。在空间的营造中，更加注重的是空间氛围的营造。随着城市的发展和时代的变迁，城市高楼林立，钢筋混凝土充斥着我们的眼睛。此时，如何能冲淡和柔化工业文明带来的冷酷感，减轻工作带来的各种压力，营造出富有情感的室内空间，显得越来越重要。

目前我们一般理解的软装指的是，室内设计师在完成室内空间的硬装饰之后，软装配饰设计师配合硬装，对于建筑内部做出进一步的细化处理。延续硬装的装修风格，并根据业主的喜好、生活习惯、家庭结构等情况，搭配好室内的家具、灯具、装饰品等元素，达到业主满意的效果。

在国外，室内空间的软装饰属于室内设计的一部分，是由室内设计师一并完成的。而在国内，由于受到发展因素的影响，我国的配饰行业发展较晚，还未受到广大业主的认可。而一些对于室内软装具有较高要求的高端客户群体，却无法满足其需求。在目前的装修市场上，软装设计与室内设计是分开的。软装与硬装的分开，其实暴露出不好解决的问题，比如硬装设计师和软装设计师的设计理念不同，那么在后期的软装阶段，会出现风格不够统一、搭配不够和谐等问题。所以，软装作为室内设计的一部分，与硬装是密不可分的。随着经济的发展和人们装修观念的转变，配饰设计与室内设计的关系一定会逐渐拉近，形成一套独立、完整的设计系统。

通过软装配饰设计，尽量扬长避短，最大化地优化空间并进行有效的规划设计。可以通过窗帘、沙发、壁挂、地毯、床上用品、装饰摆件、灯具、玻璃制品以及家具等多种陈设，来提升和升华室内空间。

如果空间比较低矮，则可以用镜面、条纹壁纸来弥补不足空间的低矮；用手工编织的特色地毯、长毛地毯来柔化空间，同时丰富和提升地面的品质；一套原木或典雅的家具，结合墙面的色彩或材质，能升华空间的表现力；一幅或一组挂画，可使原本单调的墙面，变得丰富多彩；一束或艳丽、或淡雅的鲜花不仅装饰了空间，更激活了空间的生机。

第 2 章 软装元素

本章学习目标：

- 把握功能性装饰元素的特点及装饰原则
- 掌握修饰性元素的特点及装饰原则
- 初步了解室内配饰的适用风格

2.1 功能性软装元素

2.1.1 家具

家具是室内空间当中的一个重要组成部分，它与室内的天花板、墙面、地面、灯具、装饰、绿化以及陈设品等形成一个有机的统一整体。同时，家具是空间属性的重要构成，它在室内空间中能有效地组织空间，为陈设提供一个限定的空间。家具在这个有限的空间中，在以人为本的前提下，合理地组织和安排室内空间，满足人们工作、生活的各种需求。

居室中的家具除了具备坐、卧、储藏等功能之外，还应考虑其外观的审美性。因为受到人们的年龄、喜好、受教育的程度以及社会地位、流行趋势等因素的影响。家具的形态多种多样，其中包括新古典、现代、田园、地中海、中式、欧式等风格。

1. 新古典风格家具

此风格其实是加入了现代元素的古典风格，它在保留了欧式风格的雍容尊贵、精雕细刻的同时，又将过于复杂的肌理和装饰做了简化处理，使其更符合现代人的审美观。设计师将古典风范、个人风格以及现代元素结合起来，使新古典家具呈现出多姿多彩的面貌。白色、咖啡色、深紫、绛红是新古典家具常用的色调，少量加入银色或金色装饰，看起来时尚、个性。如图 2-1 ～图 2-6 所示。

2. 现代风格家具

造型简洁，线条简单，没有过多的繁复装饰。它讲究的是家具的功能设计，它以先进的科技和新型的材料为表现形式。现代风格的家具常用的材料为玻璃、金属、板材等，因其造型的简单时尚，价格便宜，多受到年

图2-1　新古典风格沙发

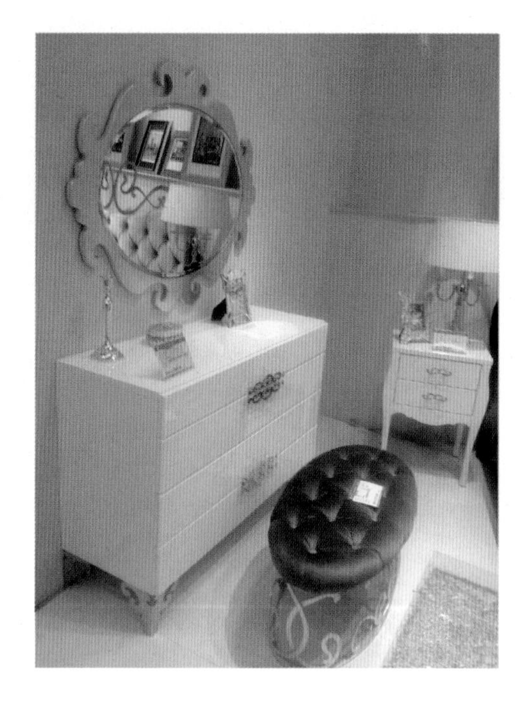

图2-2　新古典风格梳妆台

图2-3　新古典风格吧凳

图2-4　新古典风格沙发椅

图2-5　新古典风格单人沙发

图2-6　新古典风格沙发

轻人的追捧。但是，现代风格的家具对空间的布局和使用功能要求比较高，主张功能性的需求，着重发挥形式美。如图 2-7 ～图 2-10。

图2-7　现代风格组合沙发1

图2-8 现代风格组合沙发2

图2-9 现代风格书桌

图2-10　现代风格双人床

3. 田园风格家具

追求的是一种回归自然、娴雅舒适的乡村生活气息，在室内空间中力求营造出一种悠闲、自然的生活情趣。田园风格的家具一般多用木、藤、竹、石为材质，或材质质朴的纹理饰面。若家具是木质的，色调则多以白色、乳白色、棕黄色为主，如图 2-11 ～图 2-14 所示。若是布艺家具，则多为以碎花表面，配上铁艺制品、盆栽等装饰物，显得格外的温馨、舒适。如图 2-15 和图 2-16 所示。

图2-11　棕黄色田园柜子

图2-12　棕黄色田园床榻

图2-13　乳白色田园衣柜

图2-14　乳白色田园书桌

图2-15 欧式田园床头柜

图2-16 欧式田园沙发

4. 地中海风格家具

人们一提到地中海风格，脑海中马上就会浮现出地中海沿岸白墙蓝窗、极具地方特色的建筑外观。

地中海风格的家具根植于巴洛克风格，并融入了田园风格的韵味，其家具的线条简单柔和，不是直来直去的线条，多为弧状或拱状。在色彩上，一般会选择接近自然的柔和色彩，多以蓝色和白色为主，时时能感受到单纯自然的地中海气息。在选材和质感上，多为木质和布艺，木质的家具表面通常做旧，表现质朴；布艺的家具则多为色彩清爽的碎花、条纹或格子，追求休闲舒适的自然气质。如图 2-17 和图 2-18 所示。

图2-17 地中海风格沙发

图2-18 地中海风格家具

5. 中式风格家具

中式风格的家具多为明清时的家具样式，融合了中国传统庄重与优雅的双重气质。在中式风格中用得比较多的是屏风、圈椅、官帽椅、案、榻、罗汉床等，颜色多以原木色，暗红色、深棕色为主。一件件家具仿佛一首首经典的老歌，流淌在空间中的每一个音符都耐人寻味。

新中式风格中，则是将这些繁复的传统元素符号进行提取或简化，用最简单的语言来表达。古典的语言、现代的手法、意境的注入等，这些都表现着现代人对意味悠久、隽永含蓄、古老神秘的东方精神的追求，如图 2-19 ～图 2-24 所示。

图2-19　新中式茶几

图2-20　新中式床头屏风造型

图2-21　新中式隔断造型

图2-22　新中式组合家具

图2-23　新中式边桌

图2-24　新中式家具

6. 欧式风格家具

裁剪雕刻讲究，手工精细，整体的轮廓及结构的转折部分，常为曲线或曲面的构成，并常伴有镀金的线条装饰。整体给人的感觉是富丽堂皇、华贵优雅。

在室内的装饰选择上，欧式因其尊贵的视觉效果，非常受人青睐。根据欧式家具的装饰特点和色彩处理，欧式家具常分为欧式古典家具（如图 2-25 和图 2-26 所示）、欧式新古典家具、现代欧式家具（如图 2-27 ~ 图 2-31 所示）、欧式田园家具。

图2-25　古典欧式边柜

图2-26　古典欧式边桌

图2-27　现代欧式书桌

图2-28　现代欧式装饰壁柜

图2-29　欧式新古典沙发

图2-30　现代欧式柜子

图2-31　现代欧式三斗橱

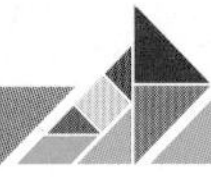

2.1.2 布艺

窗帘、抱枕、地毯、沙发、软床……别看这些不起眼的小东西，可都是家居中的调色高手。忙碌了一天，回到家，踩着软软的地毯，扔下疲惫，把身体包裹在柔软舒适的大床上。到了不同的时节，换一席暖黄的窗帘，或一床粉色的床品，都能将你带入不同的心情。

在空间的色调上一般颜色不宜过多，在卧室中，床是空间的主体，同时也体现着主人的生活品位和素养。床上用品的面料不外乎纯棉、亚麻、真丝、化纤和涤棉，花色确实各种各样、琳琅满目。对于花色的选择，则主要看空间的色调、风格以及个人的喜好。如在田园风格中，则可以选择花卉的图案，不同的花色遥相呼应，如图 2-32 和图 2-33 所示。

图2-32 花卉窗帘

图2-33 花卉床品

在中式风格、东南亚风格、日式风格中，为了空间韵味的表现，布艺的选择则多为丝质面料。有的风格色彩浓郁，布艺也多为艳丽缤纷，如图 2-34 和图 2-35 所示。有的风格宁静淡雅，布艺的色泽多半深沉老道，如图 2-36 ～图 2-38 所示。

图2-34 绚丽的泰丝床品

图2-35 绚丽的泰丝饰品

图2-36 低彩度丝质床品

图2-37 低彩度丝质饰品

图2-38 低彩度丝质组合抱枕

纯棉的布艺因其特有的纯棉质地、舒适、抗静电等特点，一直是人们家居生活的必需品。如图 2-39 和图 2-40 所示，粉色系的布艺一直是少女和萝莉们的最爱。如图 2-41 所示，这是一款纯棉手工纺品，手工纺沿袭着古老的手工纺织技术，一梭一梭纺织而成，上面的图案极具田园气息和民族特色。

图2-39　纯棉粉色床品1

图2-40　纯棉粉色床品2

图2-41　乡村风格棉质沙发

家庭中用的窗帘从形式上分，一般为滑轨窗帘和用窗帘杆的窗帘，有一层窗纱和一层布帘的，如图 2-42 所示，也有单独一层布帘的，如图 2-43 所示。从面料质地上，主要有纯棉的、麻质的、真丝的、涤纶的，等等。棉质的质地比较柔软，花色繁多，手感很好；麻质的面料，肌理感强，多为自然材质手工而成；真丝的面料，面料光滑、显得尊贵华丽；涤纶的面料颜色鲜亮，不褪色、不缩水，如图 2-44 和图 2-45 所示；纱质窗帘，质地轻柔、飘逸，装饰性强，如图 2-46 所示。

图2-42　双层窗帘

图2-43　单层窗帘

图2-44　花色窗帘

图2-45　欧式花色窗帘

图2-46　纱质窗帘

地毯是一种纺织品，最开始出现的时候，地毯是铺放在地上的，具有隔热、防潮、防湿的功能，后来随着社会的发展和手工业技术的发达，地毯开始作为室内装饰的重要元素，其种类和形式更加多样化。

地毯常见的质地为纯毛地毯（如图 2-47 和图 2-48 所示）、化纤地毯（如图 2-49 所示）、花色纺地毯（如图 2-50 所示）、塑料地毯（如图 2-51 所示）和草编类地毯（如图 2-52 所示）。

图2-47　纯毛地毯1

图2-48 纯毛地毯

图2-49 化纤地毯

图2-50 花色混纺地毯

图2-51　塑料地毯

图2-52　草编类地毯

2.1.3　灯具

起初灯只是室内空间的主要光源，在空间比较黑暗的时候，人们可以借助灯光在室内劳动或活动。而现在的灯具已经不仅仅用于满足照明的功能，人们开始越来越多地关注灯具的设计和装饰作用。

人们在装修和选购室内装饰品的时候，灯具的选择也是必须要考虑的大事，因为灯饰的选择直接关系到空间的整体格调和品位。无论是在客厅还是书房，一款合适的灯饰所营造的光影氛围，都能影响整个空间的风格。

灯具在造型和用途上主要分为吊灯（如图2-53～图2-56所示）、吸顶灯（如图2-57～图2-60所示）、壁灯（如图2-61和图2-62所示）、台灯（如图2-63～图2-66所示）和落地灯。

2.1.4　餐具

精美的餐具对于美味的菜肴来说，无疑是锦上添花。一套釉质细腻、花色独特的餐具，也是就餐时所享受的一场视觉盛宴。美色的餐具将用餐变成了艺术享受，曼妙的风情或“飘荡”在质朴的中式餐具间，或“舞蹈”在华丽的西式餐具间。午后的阳光下，品上一杯暖暖的咖啡；浪漫的烛光下，品尝一席佳肴，一款精美的餐具都是不可或缺的必需品。

图2-53　欧式吊灯1

图2-54　欧式吊灯2

图2-55　现代风格羊皮吊灯

图2-56　欧式吊灯3

图2-57 现代风格吸顶灯1

图2-58 现代风格吸顶灯2

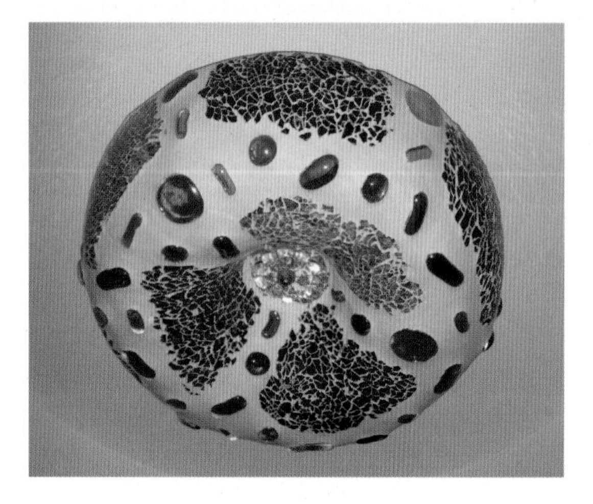

图2-59 田园风格吸顶灯

图2-60 欧式水晶吸顶灯

图2-61 欧式壁灯1

图2-62 欧式壁灯2

图2-63 欧式台灯1

图2-64 欧式台灯2

图2-65 中式台灯

图2-66 现代风格台灯

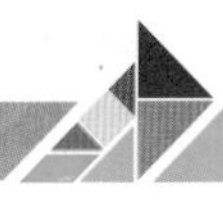

瓷质餐具的种类繁多、琳琅满目，主要有骨瓷、活瓷、青瓷等。如图 2-67 所示，这是一款瓷质细腻、釉色莹润的青瓷茶具，色彩雅致清爽，用来泡茶，更能衬出茶的色香之美。如图 2-68 所示，精美的餐具置于美味的佳肴间，此刻食物似乎显得已经不重要了，生怕破坏了这一美景。如图 2-69 和图 2-70 所示，这是厨房当中的一景，这些精美的小精灵都在等待着主人放上美味的食物。

图2-67　中式风格茶具

图2-68　西式风格茶具

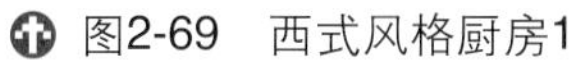
图2-69 西式风格厨房1

图2-70 西式风格厨房2

除了其材质的种类多样之外，餐具的器皿也是更加讲究，单单是勺就分为汤勺、菜勺、调味勺等十几种，就连不同的酒也用不同的酒杯去盛。

无论在厨房一角还是在客厅的茶几上，合乎时宜地摆放精美的餐具或精巧可爱的甜点，这时吃与不吃已不重要，这种感觉、这种氛围，足以让人动容，如图 2-71～图 2-75 所示。

图2-71 甜点餐具及陶制饰品

图2-72　厨房一角

图2-73　欧式精美茶具

图2-74　欧式餐具

图2-75　吧台一角

2.1.5　镜子

镜子晶莹剔透又宜于切割成各种形式，同时不同材质有不同的反光效果，是家装中常见的一种装饰工具。在现代风格和欧式风格中，常在背景墙、顶棚等位置使用印花、覆膜镜在延伸空间；在古典欧式风格中，常采用茶色或深色的菱形镜面来装饰；在其他风格中，根据风格和空间的主体色调，也可采用木质镜框和铁艺镜框的镜子装饰空间。

如图 2-76 所示为卫生间中常用的普通镜子，使墙面更亮丽。如图 2-77 所示为茶色棱格图案镜子，用作棚顶的造型装饰，即显得别致，同时也提升空间的高度。如图 2-78 所示，茶色的镜子用作墙面装饰，极具时尚感。如图 2-79 和图 2-80 所示，镜子配上装饰性极强的边框，与对称的壁灯、壁柜、配饰一起，形成空间极好的一种装饰。

图2-76　现代风格卫生间镜子

图2-77　顶棚棱格茶镜

图2-78　墙面装饰镜

图2-79　欧式装饰镜1

图2-80　欧式装饰镜2

2.2 修饰性软装元素

2.2.1 装饰画

随着人们对空间审美情趣的提高，装饰画作为墙面的重要装饰，能够结合空间风格，营造出各种符合人们情感的环境氛围。许多家庭在处理空白的墙面时，都喜欢挂装饰画来修饰。不同的装饰画不仅可以体现主人的文化修养；不同的边框装饰和材质，也能影响整个空间的视觉感官。

目前，在市场上的装饰画形式和种类各异，常见的有油画、摄影画、挂毯画、木雕画、剪纸画等，其表现的题材和内容、风格各异。例如，热情奔放类型的装饰画，颜色鲜艳，较适合在婚房装饰；古典油画系列的装饰画，题材多为风景、人物和静物，适宜于欧式风格装修，或喜好西方文化的人士；摄影画的视野开阔、画面清晰明朗，一般在现代风格的家居中摆放，可增强房间的时尚感和现代感。如图 2-81～图 2-83 所示，小幅挂画对称悬挂，较大的可单独悬挂，与桌面上的装饰品相互搭配，形成良好的装饰效果。在图 2-84 中，装饰画置于书架搁架之中，起到装饰的作用。

图2-81　写实油画1

图2-82 写实油画2

图2-83 动物装饰画

图2-84　装饰画1

采用平面形式的装饰画，对称悬挂，题材相似却又有区分，与背景花色相得益彰。如图 2-85 和图 2-86 所示。在中式风格的家中，则常采用水墨字画，或豪迈狂放，或生动逼真，无论是随意置于桌上，还是悬挂于墙上，都将时尚大气的格调展露无遗，如图 2-87 和图 2-88 所示。图 2-89 中为一组房主家人生活的照片，不仅极富生活气息，同时也起到了很好的装饰效果。

图2-85　装饰画2

图2-86　装饰画3

图2-87　中国字画1

图2-88　中国字画2

图2-89 照片摆件装饰

2.2.2 装饰工艺品

美好的生活需要艺术的装点，家居中生活的品位和涵养，也要靠这些小小的装饰来点缀。在艺术品的选择上，尤其是要花心思的。如果是纯粹的装饰品，无论是昂贵的还是便宜的，只要能与空间装饰风格搭配，同时能够增加空间的意境和情感，那就是一件极好的装饰品。

书桌上，铜质的地球仪、笔记本的皮质外皮、便笺纸上放置的钢笔、貌似还飘着咖啡香味的杯子……似乎在告知着，主人刚刚在这里度过了一个惬意的下午，如图 2-90 所示。

图2-90 书房装饰效果

餐桌上，除了美味的佳肴、精美的餐具，装饰也不可或缺。如图 2-91 所示，东南亚装饰风格的餐桌上，杯光碟影间，枯木上洁白的花朵间，仿佛已听见了鸟儿那美妙的歌声。

图2-91　餐厅装饰效果

如图 2-92 所示，在儿童房的粉色纯真中，处处都彰显着少女情怀。书桌上，八音盒上红色衣裙的小提琴女孩仿佛已拉出那美妙的旋律；白衣晒女塑像衣裙飘飘，形象极为生动；米老鼠的笔筒显示着小女孩的纯真童心。

图2-92　儿童房书桌装饰品

在儿童房的梳妆台上，放满了小主人的发卡、头饰及各种装饰。如图 2-93 所示，是一个漂亮裙装造型的小挂架，可以挂一些小饰品，放在小小的装饰台上，极为生动。

如图 2-94 所示。书桌上趣味的小狗、木马、沙漏以及小巧的盆栽，在学习之余，这些装饰饰品无疑是放松心情的最佳物品。如图 2-95 和图 2-96 所示，欧式的书架上摆满了书籍和 CD，或横着放，或竖着摆，木质的台灯模型、金色的盘饰、吊兰等，把书架点缀得好似一个装饰品，极具美感。

图2-93　儿童房饰品挂架

图2-94　写字桌饰品装饰

图2-95　欧式书架摆件1

图2-96　欧式书架摆件2

如图 2-97 和图 2-98 所示，是一款中式风格的博古架，摆放了许多中式的陶艺饰品，惟妙惟肖的陶马、晶莹剔透的瓷杯饰物等，这些放置的艺术品除了能提升主人的品位，更可以看出主人对中式风格的喜爱。

图2-97　中式博古架摆件1

图2-98　中式博古架摆件2

2.2.3 装饰花艺

花卉装饰指的是根据空间环境和装饰要求，科学地将花卉植物进行合理地配置、摆放，达到空间装饰的效果。室内的花艺装饰在空间中的体现，必须考虑到空间的风格，要做到和谐统一。

花卉植物的配置多种多样，不同类型的植物表现出的气质和感觉各不相同。有的花卉植物造型粗犷、枝叶宽厚；有的植物花卉色彩艳丽奔放、富贵娇艳，如图 2-99 所示；有的花卉小巧可爱、淡雅清秀，如图 2-100 ~ 图 2-102 所示。有的以观叶为主，有的以赏花为主，当然对于盛花的容器的选择也很重要，不同的风格选择也

图2-99　蝴蝶兰

图2-100　白色郁金香

图2-101　小型花卉

图2-102　玫瑰花球

不同。在欧式古典风格中，奢华感强，则多选择带有精美花饰或雕饰的花瓶，配上各种争奇斗艳的花卉，更显尊贵，如图 2-103 和图 2-104 所示；在田园风格中，自然气息浓厚，则多选择陶制的花瓶容器，如图 2-105 所示；在中式风格中，则多采用才有精神内涵的青花瓷瓶或紫砂陶器，配上兰花、观叶竹等植物。

图2-103　马蹄莲插花装饰

图2-104　插花装饰

图2-105　田园风格花饰

花卉植物不仅在空间中能起到很好的装饰效果，同时也能达到净化空气、增进人们健康的作用。比如家庭刚装修过后，可摆放绿萝等植物吸收空气中的有害气体，净化空气。又比如夏季的时候，植物可以通过叶子的蒸腾作用，吸收太阳辐射，有效地降低室内的温度，起到调节空气湿度的作用。

花卉植物的色彩也是室内装饰中不可小觑的一部分，鲜艳色系的花卉可以给人带来活泼、温暖的感觉；白色等纯净色系的花卉增加空间的宁静感；绿叶类的植物则给人带来大自然的感觉，可以让人放松心情。

如图 2-106 和图 2-107 所示，花形较小，用现代感强的花瓶来盛装，时尚感很强。图 2-108 中，小巧的

图2-106　现代风格花饰1

图2-107　现代风格花饰2

图2-108　现代风格花饰3

花株用自行车形态的花架来表现，田园气息浓厚。如图 2-109～图 2-111 所示，或采用彩绘陶罐，或透明的器皿，或装饰性强的欧式花瓶，与花卉皆能表达出不一样的格调。图 2-112 中是观果类的装饰花卉，各色的成串果实穿插在绿叶之中，别有一番美感。图 2-113 是一株装饰性较强的蝴蝶兰，枝干修剪出的灵动性，搭配蝴蝶般的花片，仿佛就是朵朵蝴蝶舞蹈在花间。

图2-109　八仙花花饰

图2-110　观赏花卉

图2-111　插花装饰

图2-112 观叶插花装饰

图2-113 蝴蝶兰

作为室内绿化装饰的重要植物，观叶类的植物的生长力更强，更易存活。常见的观叶类植物主要有巴西铁、也门铁、发财树、火鹤花等，如图 2-114 ~ 图 2-118 所示。

图2-114 观叶类植物

图2-115 也门铁

图2-116 发财树

图2-117 发财树叶子

有的观叶类植物具有图案或颜色美的叶子，叶片上的图案呈现出图案性的美，或者叶子的形状以奇特的形态呈现出美感；有的是垂吊形式的观叶植物，茎叶自然下垂，呈现出柔线美和自然美，如吊兰、文竹、常春藤等；有的则是攀爬性美的观叶植物，依靠卷须和吸盘，依附在墙面或装饰物上，如常春藤、黄金葛等，如图2-119所示。

观叶类植物多数喜阴，观赏周期长，在室内装饰中，堪称终年不凋落的花朵。种类繁多，姿态万千，便于在各种建筑风格和装饰风格中作为绿色装饰。

图2-118 火鹤花

图2-119 花卉盆景

第 3 章
家庭软装设计

本章学习目标：

- 了解住宅空间的性质和功能
- 掌握住宅各空间的装饰要点
- 把握空间的装饰环境和风格

3.1 空间的功能性及装饰环境

3.1.1 空间的功能性

从住宅空间的发展历史来看，随着人们居住条件的不断改善，居住面积的增加，室内空间的功能性方面也有了新的变化，从当前我们普遍的住房条件角度来划分，普通居民的室内空间主要包括以下几个部分：玄关、起居室、过道、餐厅、厨房、卫生间、书房、主次卧室、儿童房、老人房及部分娱乐空间等。空间的面积及使用条件由原来的生存型向舒适型转变，随之而来的是在装饰配饰方面也有了很大的变化，人们所追求的不仅仅是感观上的享受，更是向心理及文化需求的方向发展。下面我们根据不同的空间性质一起来分析一下住宅空间功能性的划分。

图3-1 玄关

1. 玄关

玄关可以看做是一个空间的第一印象，这一空间的由来多少可以从中国传统建筑的建制上找到它的踪影。从功能的特点来看，这一空间属于整个室内空间的过渡空间。从功能的使用上看，人们在进出住宅时都要经过这里，完成包括换鞋、更换衣服、整理自己的着装的活动，如图 3-1 所示。

从人们的生活需求角度来看，玄关也起到遮挡视线的作用，而在北方也能够有效地抵挡冬季寒风对室内人体的侵

害。玄关柜的出现和普及就是从现实需求发展而来的。

2. 起居室

起居室也称为客厅，是整个室内空间中较为重要的活动场所，也是室内空间中面积最大的部分，主要满足人们休息、休闲、会客、团聚、娱乐等方面的需要，如图 3-2 所示。在家居空间的分配上，这一部分空间也占了较大部分。客厅能很好地体现出整个室内装饰设计的主要风格，从装修投资来看，在这一空间中的投入资金也比较大。房主人可以很好地利用此空间表达出主人的性格特点和生活品质，因此是在室内设计中比较被重视的部分。宽敞、明亮、尊贵、气派、品位、文化这些名词多赋予了这一空间，因此在配饰的设计上就有着多重的选择，以不同的风格及艺术语言传达生活的气息。

图3-2　客厅

3. 过道

过道属于各房间的连接部分，在表现的形式上没有特定的围合结构，可以看做是各空间围合结构共同营造出的虚拟空间，但也是事实存在的，这一部分在设计上多以满足行动功能为主，在配饰的选择上以“简”和“精”为主，如图 3-3 所示。

4. 餐厅

餐厅是满足室内空间中人们就餐需求的场所，它往往与厨房在某种意义上是相互联系的，在距离关系上也比较靠近。厨房的功能主要以满足烹饪的要求为主。从动静关系和空间气氛上二者还是有区别的，厨房更重视的是对功能的满足，一般在配饰的选择设计上较少，而餐厅更接近于“静”空间，人们习惯在吃饭时寻求一种

图3-3　过道

安静祥和，无声音、气味、视觉影响的场所。因此在这一空间中对色彩的运用要求较高，同时在对配饰的选择上，追求精致而又与餐厅空间环境相适宜的配饰，如装饰画等，如图 3-4 所示。

图3-4　餐厅

5. 卫生间

卫生间又称为厕所、洗手间，是满足盥洗、如厕等功能的场所。在空间特点上属于私密空间，在空间面积上是所有室内房间中最小的，但是在功能上则是非常重要的。从人们的日常生活来看，在这一空间中的设施中包括洗手盆、座便、淋浴器、洗衣机等。这一环境属于易湿环境，因此在装饰装修时要严格考虑棚、墙、地的防水、防潮问题。在配饰选择上要求较少，因为有限的空间和特殊的环境特点影响了对配饰的选择。但是在一些空间较大的别墅类住宅中，在卫生间还是有一些恰到好处的配饰设计的，如一些造型独特的灯具、装饰画等，如图 3-5 所示。

图3-5 卫生间

6. 书房

书房是在人们的居住条件得以改善的前提下出现的，以学习、工作为主要特征的静空间，它在功能上主要是为房主人提供一个学习及工作的环境和设施，从社会生活的角度来看，这里也是房主人会客会友的重要选择之处，在整个居室空间环境中，书房的设计上以雅致、独特、品位为首选。因此在这一空间中配饰的设计及选择是最多的。往往在书房的家具配置中书柜或书架是经常被选择的，在书柜的藏品中就包含了很多不同类型的配饰品，可以说这里是配饰品的集中地。除此之外，在灯具的选择上，在墙面装饰画的选择上，在窗帘及桌椅的选择上，都会更加注重配饰的艺术特点以及与整个空间风格的搭配，如图 3-6 所示。

图3-6 书房

7. 卧室

主、次卧室，儿童房，老人房我们都可以统称为卧室，其在空间的特点上是具有私密性，在使用上主要满足人们休息的需求。从使用的人员分析，这里基本上是房主人自己使用，不会像卫生间一样涉及家庭的其他成员或者是到访的客人使用。从装饰装修的角度看，卧室空间一般不宜过多地进行硬装修以及出现过多的装饰，避免不必要的材料污染，或者因为装饰品过多而出现的视觉干扰等问题，尽量以淡雅、祥和的氛围为主，在尽量保持私密性和安全性的同时，在设计和配饰的选择上应尽量营造出温馨、安静、亲切的睡眠环境。同时考虑到不同的年龄特点，在配饰的选择上以选择符合房主人年龄、身份及性格特点的饰品为主，例如在儿童房的设计中，窗帘的选择以活泼清新为主，在对家具的色彩选择上适当地加入鲜艳的颜色，但是不宜过躁，在墙面装饰画的选择上以卡通图案的装饰画为宜，如图 3-7 所示。

除了以上的室内空间外，在面积大一些的住宅空间中还会有娱乐空间的出现，如棋牌室、影音室等，在特点上这些空间属于动空间，声音较大，空间形式活泼。在对这样空间的配饰选择上除了考虑功能的特殊性外，还要注重对品位、空间特点的考虑，饰品不在多而在精，以能体现房主人的品位及文化内涵为首选。

3.1.2 空间的装饰环境

空间中的装饰对于空间格调和品位的塑造起着改变性的作用，会给人们带来视觉上的美感和艺术上的享受。在空间的装饰上，除了要充分地考虑空间的使用功能之外，还要好好地考虑人与空间的关系，人在空间中的活动规律、动线关系等，然后给予空间合适的装饰陈设，使空间的装饰风格与装修风格和谐统一。

图3-7　儿童房

空间装饰环境必须要考虑到主人对空间的精神诉求、心理感受。室内的软装陈设就是利用各种装饰的手法，通过多样的表现手段，使空间的陈设设计表达出人的情感，表达出主人的审美情趣和品位，同时渲染出装饰的意境，这即是软装饰陈设的美丽和精神方面的价值体现。如图 3-8 所示，暖黄色的灯光下，主人可以斜靠在软榻上，读一席诗词，品一杯香茶。

图3-8　中式软装

在家居环境中，软装陈设多半是通过材质的色彩来表达的，家居的色彩又常受到工艺和技术的制约。比如是在家具的着色技术上，装饰面板擦色可以表现家具的粗糙质感，可以运用在追求自然气息的田园家居中；采用封闭漆工艺的家具表面光滑，手感细腻，可用在欧式风格、美式风格、中式风格中。在装修、装饰风格越来越多元化的今天，现代的装饰陈设品可以用更加多样的技术、更加多样的材质来表现，这也给空间的装饰带来了更丰富的表达，如图 3-9 所示。

图3-9　现代简约风格软装

进行设计的时候，如何拉近室内与室外的距离，将自然界的光感和氛围引入室内，拉近人与自然的关系，是未来室内装饰的设计理念和趋势。这种观念在室内软装陈设中的体现，一种是在材质图案和质感的仿生态，一种就是意境氛围的营造。比如在地砖的图案形态上，有仿各种理石纹理的图案，有仿木材纹理的图案等，其图案可以达到以假乱真的效果。仿木材纹理的地砖同时还可以避免传统木地板怕潮的缺点。同时材料的装饰形式，也不必循规蹈矩地按照传统的装饰模式。比如卫生间中常用的马赛克材料，也可以贴在门框上，作为门框的贴面装饰，其装饰的效果也十分有特点。

空间中的软装艺术对于配饰设计师的知识内涵和品位要求非常高，它不仅需要设计师在陈设设计的时候，对于空间的装修风格明晰于心，同时需要设计师对于空间的功能性把握准确，应熟悉空间的性质、空间表现形式、室内的照明、空间色彩基调，经过陈设搭配，与之相协调，同时表现出屋主人的民族和地域特点，满足人们在室内的精神诉求，同时将屋主人的喜好、个性特点及审美观点表现出来。所以，软装饰对于室内空间的装饰环境，要做到形式和内容的统一和协调，在保证空间的整体性之下，通过装饰陈设表现出空间装饰的独特性和艺术价值。

3.2　软装风格

3.2.1　新中式风格

中国作为世界四大文明古国之一，其古典建筑是世界建筑体系中非常重要的一部分，内部的装饰则多是以宫廷建筑为代表的艺术风格。空间结构上讲究高空间、大进深；雕梁画栋，多采用木架构形式；在造型上讲究对称，遵循均衡对称的原则；图案则多选择龙、凤、龟、狮等，表达吉祥。对于生活在现代的人们，对传统总有一种怀念、一种追忆。当传统的中式风格与现代的装饰元素对撞后，褪去繁复的外表，留住意境唯美的中国清韵，融入现代的设计元素，凝练出充满时代感的新中式风格。

新中式风格更多的表现是唐、明清时期的设计理念，撇去刻板、暗淡的装饰造型和色彩，注重内在品质，改用现代的装饰材料、更加明亮的色彩来表达空间。

新中式风格并不是一些传统中式符号在空间中的堆砌，而是通过设计的手法将传统和现代有机地结合在一起。如图 3-10 所示，传统中式中的木刻雕花门在这里只保留了上部精美的雕花，作为空间的隔断，下部的木饰处理得简单干练。整个空间的布局形式融入了灵活的布局形式，色彩更富有西式的色调，白色的顶棚、青灰色的墙面、深色的家具，以明度对比为主，更富有中国水墨画的情调和韵味。

图3-10　新中式风格

在家具的形态上也进行了演变，如原来的纯木质结构的家具结合西式沙发的特点，融入了布艺和坐垫，使用起来更舒适；原来的条案，现在更多地作为处理空间装饰的重要家具，在上面放置花瓶、灯具或其他装饰，与墙上的挂画形成一处风景，如图 3-11 所示；原来用作入户大门上的门饰，现在也可以作为柜门上的装饰进行灵活的运用。

图3-11　新中式客厅设计装饰1

在空间上追求空间的层次感，多采用木质窗棂、窗格，或镂空的隔断、博古架等来分隔或装饰空间。如图 3-12 和图 3-13 所示，墙面采用深色木条和麻质布艺结合的形式来做装饰，使整个空间层次更加丰富，暗而不闷，厚而不重，有格调又不显压抑。

在装饰风格中，中式风格的把握不仅要对传统的中式装饰元素谙熟于心，更要熟知现代的装饰手法和材料，否则在设计时处理不当，很容易贻笑大方。比如有些人认为只要是古董就可以拿来做装饰，放在条案上插上花束，岂不知这是古代人用来吐痰的痰盂，怎能登上大雅之堂呢？

在空间的软装饰部分，可以运用瓷器、陶艺、中式吉祥纹案、字画等物品来修饰。如图 3-14 所示，采用不锈钢材质来表现传统的纹案，作为床头的装饰；优质细腻的瓷器花瓶作为床头灯。将中式的华贵典雅点到即止，更多的是现代的元素，造型结构流畅简洁。软包的床头背景、床头板给空间带来更多的暖意，使空间在现代中流淌着淡淡的古韵。

图3-12　新中式卧室设计装饰2

图3-13　新中式卧室一角

图3-14 新中式卧室设计装饰3

3.2.2 地中海风格

地中海风格的形成与地中海周围的环境紧密相关，它的美包括海天一色的蓝色、希腊沿岸建筑仿佛被水冲刷过的白墙、意大利南部成片向日葵的金黄色、法国南部薰衣草的蓝紫色，以及北非特有的沙漠、岩石、泥沙、植物等天然景观中的土黄加红褐色，这些色彩的组合，形成了地中海不同的风格表达。在地中海海岸线一带，特别是希腊、意大利、西班牙这些国家沿岸地区的居民生活方式闲适，建筑民风淳朴。以前，这种装饰风格体现在外部的建筑中，没有延伸到室内。后来随着这种装饰进入到欧洲并逐渐出现在别墅装饰中，才开始慢慢被大家接收和追捧。

地中海风格追求的是海边轻松随意，贴近自然的精神内涵。它在空间设计上多采用拱形元素和马蹄形的窗户来表现空间的通透性。在材质上多采用当地比较常见的自然材质，例如，木质家具、赤陶地砖、粗糙石块、马赛克、彩色石子等都是地中海风格中常见的装饰元素。如图 3-15 所示，这是典型的以海洋的蔚蓝加上希腊建筑的白色为基调的地中海风格，在背景墙上以拱形元素为设计的背景墙，用流线的线条和梦幻的色彩来表达空间的浪漫格调。以船舵为题材的吊灯也使空间创意充满了趣味性。另外，在装饰墙面上的小型盆栽也是地中海风格中较常用的植物装饰。

当然，在空间中，元素的表达不能一味地堆砌，一定要有贯穿空间的设计灵魂。在确定了基本的空间形态之后，空间的元素也有明显的装饰特征。如图 3-16 和图 3-17 所示，设计师在设计时，除了运用经典的蓝白色外，

图3-15　地中海风格客厅装饰

图3-16　地中海风格卧室装饰1

图3-17　地中海风格卧室装饰2

利用暗红的装饰进行色彩的对撞，木质的顶棚装饰条、贴砖的踢脚线、纱制的床幔，这些地方成功地将暗红的色彩得以延续，整个空间显得素净却不平淡，在表达田园气息的同时，也展现了高贵的一部分。

在地中海风格中，所有的附件装饰也是充满了乡村感觉，除了多采用铁艺的家具、铁艺的花架、铁艺的栏杆、铁艺的墙面装饰外，就连门或家具上的装饰也多是铁艺制品。马赛克的瓷砖图案多为伊斯兰风格，多用在墙面造型装饰、楼梯扶手和梯面装饰、桌面装饰、镜子边框装饰，甚至利用石膏将彩色的小石子、贝壳、海星等粘在墙面上做装饰。

如图 3-18 所示，卫生间中采用陶制的瓷砖，斑驳的质感充满沧桑。拱形的门洞将空间分隔成两部分，层次感更强。马赛克的手台饰面，结合颇具创意的手盆造型，使空间更具有看点。虽然是卫生间，局部的点缀装饰仍不容忽视，墙上的蓝白泳圈装饰、浪漫唯美的地中海照片、清新秀丽的鲜花，这里不仅是如厕的地方，更是一个视觉享受的区域。

地中海风格的形成更反映出的是地中海地区特有的生活状态和闲散的生活方式，周末约三五好友家中小聚，周末到海边冲浪游泳。正因为这种好客的习惯，所以他们的厨房总是时刻对邻居和朋友开放。如图 3-19 所示，把厨房做成开放式结构，增加吧台作为厨房和餐厅的分隔部分，一组灯饰裸露着电线，随意不做作。餐厅的桌椅采用擦色做旧的木质材质，有岁月的斑驳感。在棚顶粗实，深色的木质房梁也是典型的地中海装饰，与白灰色带有粗糙纹理的墙面形成强烈的对比。

3.2.3　东南亚风格

无论是风景旖旎的巴厘岛，还是具有“东方夏威夷”之称的芭提雅，东南亚的神秘总是让人着迷。东南

图3-18 地中海风格卫生间

图3-19 地中海风格餐厅

亚属于热带地区，常年日照充足，温度高，气候潮湿，当地的居民多喜欢户外活动。因为东南亚的雨水较多，建筑的屋顶多采用大坡顶的形式，便于排水。又因当地盛产木材，所以建筑材料多以木质为主。印度尼西亚的藤、马来西亚河道里的水草、泰国的木皮都散发着浓浓的自然气息。泰国艳丽多彩的泰丝、安静祥和的佛教文化，处处透露着热情与神秘、激情与向往，这正是每一个崇尚自然，热爱东南亚风格的人对生活的向往。

东南亚风格一向以情调和神秘著称，不过近些年来，越来越多的人认为过于柔媚的东南亚风格不太适合在家居空间中表现，反而比较适合在酒吧、会所等强调情调的空间中使用。在现代的家居的，可以采用传统的东南亚装饰元素在空间中适量的装饰，效果反倒不错。如图 3-20 所示，在线条明朗、色彩干净的空间中，具有东南亚风情的一组纸灯奠定了空间的风格基调，保留了传统东南亚风格中惯用的木质装饰和家具，大小不一的陶艺装饰碗在墙面作点缀装饰，黑、红、灰三色碰撞，充满跳跃感。

图3-20　东南亚风格餐厅

除了取材自然是东南亚家居最大的特点之外，东南亚的家具设计也极具原汁原味的淳朴感，它摒弃了复杂的线条，取而代之的是简单的直线。在布艺的选择上，主要为丝质高贵的泰丝或棉麻布艺。如图 3-21 所示，床单和被套采用白色的棉质品，手感舒适，抱枕则采用明度较低的泰丝面料，棉麻遇上泰丝，淳朴中带着质感。顶棚的造型则提炼了东南亚建筑中的造型元素，作以简化处理，那一抹风情瞬间就出来了。在图 3-22 中，茶几别出心裁地采用白色的藤艺编织，既原始又时尚。椰壳制成的工艺装饰用在墙面点缀，含苞待放的鲜花随意地插在陶艺的花瓶中。如图 3-23 ～图 3-26 所示为东南亚风格的家居装饰。

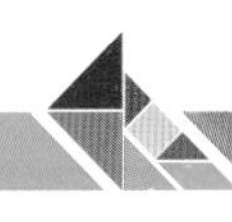

图3-21　东南亚风格卧室

图3-22　东南亚风格装饰

图3-23　东南亚风格卧室装饰1

图3-24　东南亚风格客厅装饰

图3-25　东南亚风格卧室装饰2

图3-26　东南亚风格餐厅装饰

3.2.4　欧式风格

欧式风格是传统设计风格之一，泛指具有欧洲装饰文化艺术的风格。比较具有代表性的欧式风格有古罗马风格、古希腊风格、巴洛克风格、洛可可风格、新古典风格、美式风格、英式风格、西班牙风格等。欧式风格特别强调空间装饰，喜用华丽的雕刻、浓艳的色彩、精美的装饰达到富丽堂皇的装饰效果。

如图 3-27 所示，餐桌上精美的餐具、娇艳的花束，本身就可以获得视觉上的享受，墙上应景的餐具装饰画框质感高雅，水晶吊灯彰显贵族的华丽。图 3-28 所示，采用了欧式风格中常用的拱形元素作为墙面装饰，独特的马赛克拼花极具风情。左右对称的人像烛台，造型生动。

图3-27　欧式风格餐厅装饰

壁炉在早期的欧式家居中主要为了取暖，后来随着欧式风格的逐渐风靡，壁炉逐渐演变成欧式装饰中的重要元素。如图 3-29 所示，壁炉作为造型出现，在台面上可以摆放装饰物品，挂上欧式的油画，形成一处风景。

彩绘也是欧式风格常用的一种装饰手法。如图 3-30 所示，在墙面造型中，画一幅写实的油画作为墙面的背景，前面摆放装饰柜，搭配对称的灯具和花卉，亦真亦假。

罗马柱是欧式风格中必备的柱式装饰，罗马柱的柱式主要分为多立克柱式、爱奥尼柱式、科林斯柱式，此外，还有人像柱在欧式风格中也较为常见。

欧式风格比较注重墙面装饰线条和墙面造型，如图 3-31 所示，墙面上部是大理石饰面，下部是带有装饰线条的护墙板。在墙面的装饰采用对称式布局形态，以装饰镜为中心，壁灯和装饰画分别左右对称。

图3-28　欧式风格设计装饰

图3-29　欧式风格壁炉

图3-30 欧式风格装饰柜

图3-31 现代欧式风格设计装饰

欧式风格的家具根据风格的不同，主要分为欧式古典风格家具、欧式新古典风格家具、欧式田园风格家具、欧式简约风格家具。从材质上来分，主要有木质家具、皮质家具和布艺家具。如图3-32所示，书房中的家具是欧式新古典风格的，它的造型简单，略带欧式纹样，深色的木质和皮质结合，显得雍容大气。同时，铜质的留声机也给空间润色不少，斑驳的质感，搭配木质家具的高雅，透露着欧洲传统的历史痕迹和深厚的文化底蕴。

图3-32　欧式风格书房装饰

3.2.5　新古典风格

新古典风格最早出现在20世纪20年代，风靡于20世纪80年代。当时处于统治地位的皇家贵族逐渐开始退出历史舞台，新的贵族需要一种的装饰风格来展示他们的权力和财富，这就是新古典风格。

新古典风格以其特有的精致高雅、低调的奢华著称，纹路自然、光滑典雅的大理石材质、线条简洁的装饰壁炉、反光折射的茶色镜面、晶莹剔透的奢华水晶吊灯、花色华丽的布艺装饰、细致优雅的木质家具等组合在一起，创造出空间的尊贵气质被无数的家庭所追捧。

新古典风格体现的更多的是古典浪漫情怀和时代个性的融合，兼具传统和现代元素。它一方面保留了古典家具传统的色彩和装饰方法，简化造型，提炼元素，让人感受到它悠久的历史痕迹；另一方面用新型的装饰材料和设计工艺去表现，更体现出时代的进步和技术的先进，同时也更加符合现代人的审美观念。

在色彩搭配上，多使用白色、灰色、暗红、藏蓝、银色等色调，白色使空间看起来更明亮，不锈钢的银色带来金属的质感，暗红或藏蓝色增加色彩的对比，更加的高贵。如图3-33和图3-34所示，家具均以白色为主，

图3-33 新古典欧式风格卧室装饰1

图3-34 新古典欧式风格卧室装饰 2

拉手和家具腿采用简单的卷花造型，采用不锈钢的材质。床头软包用的是深棕色的丝绒材质，更显高贵。整个空间的色调主要为白色加上深棕色，简单干净。在空间中更多的是装饰的搭配，如床上一个简单的花色抱枕，可贵的是采用银色的丝质面料，冷冷的色调表现金属色的美感。优雅的白色床头柜上放置的相框，边框采用较复杂的雕刻花色，来表现欧式的华丽。

在墙面的设计上，多使用带有古典欧式花色图案和色彩的壁纸，配合简单的墙面装饰线条或墙面护板；在地面的设计上多采用大理石拼花，根据空间的大小设计好地面的图案形态，用自然的纹理来修饰。在设计风格上，空间理念的表达更多的是表现对生活、对人生的一种态度，设计师在软装设计的时候，能否敏锐地洞知业主的需求和生活态度，在室内的软装陈设中尽量展现其唯美、典雅的一面，富有内涵的气质，把业主对生活的美好憧憬、对生活品质的热烈追求在空间中淋漓尽致地展现出来。

如图 3-35 所示，在电视背景墙上采用功能性较强的壁柜装饰，有实有虚。在小装饰品上也多以金属装饰为主，造型各异。台灯的造型也体现出了精致的一面，灯身上满是立体的玫瑰造型，让人爱不释手。

图3-35　新古典欧式风格客厅装饰

在图 3-36 和图 3-37 中，与空间的主色调相呼应，小小的餐桌上仍延续着同样的色彩搭配。瓷质细腻的白色餐盘上金色的装饰线条，搁置在棕色的餐布上，简约而不简单。高低不同的酒杯有序地排列，晶莹剔透，展示着西餐悠久的饮食文化。

图3-36　精致的餐具

图3-37　新古典欧式风格餐厅装饰

3.2.6 田园风格

田园风格指欧洲各种乡村家居风格，它既表现了乡村朴实的自然风格，也表现了贵族在乡村别墅的世外桃源。

田园风格之所以能够成为现代家装的常用装饰风格之一，主要是因其轻松自然的装饰环境所营造出田园生活的场景，力求表现悠闲、自然的生活情趣。田园风格重在表现室外的景致，但是不同的地域所形成的田园风格各有不同，如英式田园风格重在表现家居中布艺选择，图案一般以花卉、条纹、格子为主，花色秀丽。如图 3-38 所示，木质的家具或装饰品多以手工制作为主、雕刻造型自然纯朴。法式田园风格不如英式田园那般厚重和浓烈，多用简单温馨的颜色和朴素的家具，家居风格随意、简单、不做作。美式田园又称美式乡村田园，它追求的是自然、怀旧的感觉。在空间中意在营造悠闲、舒适的田园生活情趣。多用木、石、藤、竹等自然材质，家居中多有绿植、花卉，展现出如生活在乡村自然的风景中。

图3-38　英式田园风格客厅装饰

在田园风格中，织物的材料常用棉、麻的天然制品，不加雕琢，花鸟鱼虫、形形色色的动物及风情的异域图案更能体现田园特色。天然的石材、板材、仿古砖因表面带有粗糙斑驳的纹理和质感，也多用于墙面、地面、壁炉等装饰，并特意把接缝的材质透出，显示出岁月的痕迹。

铁艺制品，造型或为藤蔓，或为花朵，枝蔓缠绕。常用的有铁艺的床架、搁物架、装饰镜边框、家具等。

墙面常用壁纸来装饰，有砖纹、石纹、花朵等图案。门窗多用原木色或白色的百叶窗造型，处处散发着田园气息。如图 3-39 和图 3-40 所示。

图3-39　田园风格卧室装饰

图3-40　田园风格厨房装饰

利用田园风格可以打造出适合不同年龄群的家居风尚。年轻人可以选择白色的家具、清新的搭配，具有甜美风格的田园感觉；年纪稍大的人可以选择深色或原木的家具，搭配特色的装饰，稳重而不失高贵。

田园风格休闲、自然的设计思想，使家居空间成为都市生活中的一方净土。

3.2.7 现代简约风格

现代简约风格最早源于20世纪德国的包豪斯学院，在设计中注重“少就是多”的设计理念，强调功能性设计，善用几何造型、简单的线条、高纯度的色彩、金属材质、玻璃等作为空间的主装饰。简约风格的空间设计比较含蓄，将室内的装饰元素降到最少，但是对空间的色彩和材料质感要求较高，渴望设计出一种简洁、纯净、以简胜繁的时尚空间。

居室空间设计注重各空间的功能渗透，空间组织不只是房间的组合，而是注重空间的逻辑关系，更加体现出人性化的一面。主张在有限的空间发挥最大的使用效能，一切以实用性为主，摒弃多余的附加装饰，简约但不简单。

在材质上的选择范围更加宽泛，不再仅仅局限于石、木、铁、藤等自然材质，更有金属、玻璃、塑料等新型的合成材料，在空间上将一些结构、甚至钢管暴露在空间中，体现了一种结构之美。

图3-41 现代简约风格客厅装饰

如图 3-41 所示，空间色彩以黑、白、灰为主。墙面造型简单大方，黑色的装饰线条具有时尚感。金属的钓鱼灯及桌面装饰，体现出现代的工艺美。线条简单的咖色布艺沙发上，采用黑、白、红、黄纯度较高的色彩，提亮和点缀着空间的色彩，给人耳目一新的惊喜。

如图 3-42 所示，楼梯的栏杆、茶几、墙面的装饰架采用玻璃材质，质感通透。灰色的麻质沙发，黑色、白色的抱枕随意的放于沙发上、地毯上，灰色的长毛地毯则显示出在这简洁、时尚的空间中柔软的一面。

图3-42　现代简约风格客厅装饰

在图 3-43 中，厨房中的设施设备闪着金属光泽，橱柜的色彩也采用仿金属色。餐厅中餐椅造型简洁加上特别的灯饰，餐桌上晶莹剔透的餐具中，鹅黄色的马蹄莲显得更加娇艳。

在图 3-44 中，墙面采用黄色的大理石饰面，黑白色的照片形成的照片墙，记录着主人生活的点点滴滴，极富个性。白色的餐桌、金属与布艺结合的餐椅，将现代人的生活观在这里展现。如图 3-45 所示，简约风格的卧室、简单的线条，寥寥几笔即把空间设计得有张有弛。床头柜上垂下的吊灯和筒灯采用暖黄色的光源，使整个卧室散发着柔和的感觉。衣柜的设计也极为巧妙，将空间分为两部分，里面是书房，保证了空间的私密性需求。

图3-43 现代简约风格餐厅装饰1

图3-44 现代简约风格餐厅装饰2

图3-45　现代简约风格卧室装饰

第 4 章
软装实操流程及合同的制作

本章学习目标：

- 熟悉家居软装配饰实际操作流程
- 掌握家居配饰软装计划书的书写规范
- 了解家居配饰软装合同的内容

4.1 家居软装配饰实操流程

实践主题：家居软装配饰实战。

实践目的：

- 熟知软装配饰设计师的工作内容和工作流程；
- 熟悉并锻炼对软装配饰流程及各个环节的把控；
- 锻炼家居软装配饰的策划能力和配饰搭配的表现手法；
- 掌握与客户的沟通技巧以及方案汇报时的语言表达能力。

实践时间：24 课时。

4.1.1 方案前期调研阶段

与模拟客户进行沟通交流，在交流的过程中，重点要了解客户的基本信息、喜好、习惯、喜欢的室内装饰风格、所装户型的结构特点、硬装情况、工期、项目的定位、成本预算等问题。

如表 4-1 所示为客户信息采集表。要求：通过交流完成客户信息采集，力求完整。

4.1.2 首次测量空间并列出初步设计表

1. 首次现场测量

首次现场测量要求如表 4-2 所示。

表 4-1　客户信息采集表

男主人		职务		年龄		性格		喜好	
女主人		职务		年龄		性格		喜好	
其他家庭成员									
户型地点或名称									
生活定位						特点			
□ 工作时间是否自由 □ 休息时间是否可自由支配 □ 个人喜好品牌 □ 是否常有家庭聚会			□ 家中是否有收藏品 □ 是否有特定的社交圈 □ 度假方式如何 □ 其他要求						

表 4-2　首次现场测量要求

工具	卷尺、绘图纸、笔、相机
流程	（1）了解现场的户型结构，以及硬装情况 （2）现场排尺，绘制平面图、立面图，并标注出主要的尺寸 （3）现场拍照： ① 大场景采用平行的角度拍照 ② 小场景采用成交透视的角度拍照 ③ 重要的局部节点拍照
要点	现场的测量时空间的硬装之后的测量数据，因此在构思软装搭配阶段，要准确地把握空间的尺寸

2. 装饰元素探讨

装饰元素探讨流程与要求如表 4-3 所示。

表 4-3　装饰元素探讨流程与要求

流程	详细观察和了解前期硬装的风格、色彩，对空间的整体装饰方案有总体的控制（冷、暖、深冷、深暖、浅冷等），并注意考虑空间的主体色和背景的关系以及相互间的比例
要点	户型本身或多或少有瑕疵，硬装设计时的色彩已经先入为主，在做后期的配饰时，要考虑结合现有的情况，通过后期的软装搭配，弥补不足，与前期的硬装达到和谐统一的效果

3. 调研所要采购的配饰，并完成软装初步设计表

软装初步设计表如表 4-4 所示。

4.1.3　提报方案并二次测量空间

1. 提报软装初步搭配方案

软装初步搭配方案要求如表 4-5 所示。

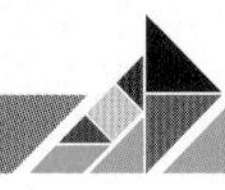

表 4-4　软装初步设计表

<table>
<tr><td colspan="3">团队成员</td><td colspan="2"></td><td colspan="5" rowspan="2">软装初步搭配风格拟定说明（需标注出所采用饰品的材质、颜色、工艺特点、装饰效果等）</td></tr>
<tr><td colspan="3">方案设计主题</td><td colspan="2"></td></tr>
<tr><td colspan="3">客户需求分析</td><td colspan="2"></td><td colspan="5" rowspan="3"></td></tr>
<tr><td colspan="3">室内陈设需求分析（风格、颜色、价格等）</td><td colspan="2"></td></tr>
<tr><td colspan="3">软装预算</td><td colspan="2"></td></tr>
<tr><td colspan="10">家 具 选 用</td></tr>
<tr><td>家具代号</td><td>位置</td><td>名称</td><td>参考图样</td><td>规格</td><td>数量</td><td>合计</td><td>供应商</td><td>材质工艺</td><td>备注</td></tr>
<tr><td>1</td><td></td><td></td><td></td><td></td><td></td><td></td><td></td><td></td><td></td></tr>
<tr><td>2</td><td></td><td></td><td></td><td></td><td></td><td></td><td></td><td></td><td></td></tr>
<tr><td>3</td><td></td><td></td><td></td><td></td><td></td><td></td><td></td><td></td><td></td></tr>
<tr><td colspan="2">家具总价</td><td colspan="8"></td></tr>
<tr><td colspan="10">饰 品 选 用</td></tr>
<tr><td>饰品代号</td><td>位置</td><td>名称</td><td>参考图样</td><td>规格</td><td>数量</td><td>合计</td><td>供应商</td><td>材质工艺</td><td>备注</td></tr>
<tr><td>1</td><td></td><td></td><td></td><td></td><td></td><td></td><td></td><td></td><td></td></tr>
<tr><td>2</td><td></td><td></td><td></td><td></td><td></td><td></td><td></td><td></td><td></td></tr>
<tr><td>3</td><td></td><td></td><td></td><td></td><td></td><td></td><td></td><td></td><td></td></tr>
<tr><td colspan="2">饰品总价</td><td colspan="8"></td></tr>
</table>

表 4-5　提报软装初步搭配方案要求

名　称	形　式	内　　容
软装方案汇报	PPT	包括设计说明、客户分析、元素选择、色彩方案等
报价清单	纸质	包括家具、灯具、布艺、饰品、花卉绿植、地毯等
合同样本	纸质	根据项目实际情况填写
采购预算	纸质	包括名称、规格、数量、单价、总价等
工作时间节点表	纸质	根据项目实际情况安排

2. 二次测量空间

设计师带着基本的软装设计构架，再次来到现场，反复地考量现场的实况、对细节进行更正。

对于初步选择的配饰，尤其是家具的尺寸，要反复地核实，把误差做到最小，并反复地感受室内空间进行配饰方案后的空间感受和合理性。

本环节是配饰方案实操的关键环节，在进行二次的空间测量之后，将向客户收取上门测量费，收费标准如

表 4-6 所示。

表 4-6　上门测量收费标准表

建 筑 面 积	费　　用
150 平方米以下	300 ~ 500 元
150 ~ 250 平方米	500 ~ 800 元
250 平方米以上	800 ~ 1000 元

4.1.4　方案审核及实施阶段

1. 方案审核，客户签字，准备进场工作

通过 PPT 的形式，向客户进行方案的陈述和讲解。汇报之后，客户若对方案有异议，与之及时进行沟通，并根据客户的意见重新调整和完善方案。重新调整方案后，获得客户的认可签字，准备进入现场工作。

2. 现场摆放

作为软装配饰设计师，产品在现场的实际操作能力同样很重要。每次产品到达现场，一般都由设计师亲自参与摆放，一般会按照软装材料、家具、布艺、挂画、装饰品等顺序进行摆放。

应注意的是，软装在空间中的摆放要注意主体与背景、点缀物品之间的关系，要考虑到元素之间的和谐性。通过软装的合理搭配，来提升空间的层次感。

4.2　家居配饰采购建议计划表

家居配饰采购建议计划表（如表 4-7 所示）是方案设计师提供给客户的一份配饰采购建议计划，在这里面主要展示了在每个空间当中预采用的所有配饰的清单，包括其展示的图片、数量、规格和单价，以及与空间平面相对应的家具配置图。

表 4-7　家居配饰采购建议计划表

<table>
<tr><td rowspan="2">项目名称</td><td rowspan="2" colspan="2">××××公寓房</td><td>编号</td><td></td></tr>
<tr><td>版号</td><td></td></tr>
<tr><td>项目设计师</td><td colspan="2"></td><td>生效日期</td><td></td></tr>
<tr><td colspan="5">××××公寓房 8#6-1 户型地中海风格家具饰品提案</td></tr>
<tr><td>编号</td><td colspan="4"></td></tr>
<tr><td>工程名称</td><td colspan="2">××××公寓房软装提案</td><td>合同编号</td><td></td></tr>
</table>

续表

卧室饰品清单	提 案 图 片	单位	数量	规格	单价	备注
1. 床		个	1			
2. 边柜	 	个	2			
3. 床上用品		套	1			

续表

4. 油画		幅	3			风景类
5. 台灯	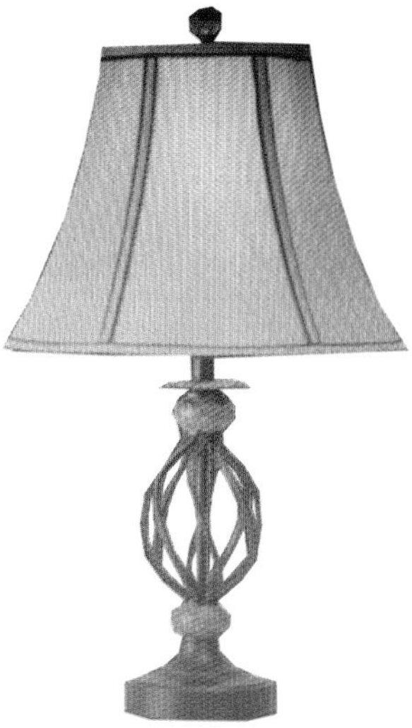	个	2			
6. 摆件	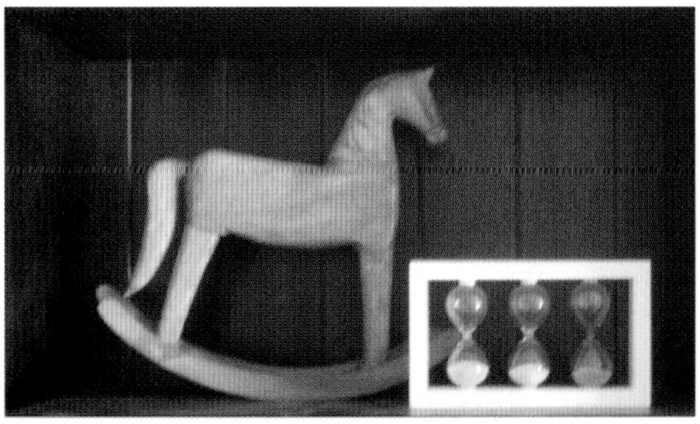  	组	4			

续表

7. 衣柜		个	1			
8. 地毯		个	1			
9. 窗帘		副	1			

家具配置图如图 4-1 所示。

图4-1　家具配置图

4.3 软装配饰设计合同样例

××公司软装配饰设计合同书样例

合同编号：　　　　　　　　　　　　　　　　　　　　签订日期：

项目名称			
建设单位			
委托方（甲方）		承接方（乙方）	
设计人员			

兹有甲方委托乙方承担_________项目室内软装配饰设计、订制、采购、摆放工作。依据《中华人民共和国合同法》和有关法律规定，乙方接受甲方的委托，就委托设计事项，双方经协商一致，签订本合同如下。

第一条：项目概况。

（1）项目名称：_________

（2）项目地点：_________

（3）项目建筑总面积：_________，楼层数_________层，有（或无）电梯_________。

第二条：配饰设计工程内容。

软装方案汇报	PPT	包括设计说明、客户分析、元素选择、色彩方案等
报价清单	纸质	包括家具、灯具、布艺、饰品、花卉绿植、地毯等
合同样本	纸质	根据项目实际情况填写
采购预算	纸质	包括名称、规格、数量、单价、总价等

（1）软装方案（包括配饰单品说明图、配饰效果图等，需提供相应的图片）

（2）报价清单（包括家具、灯具、布艺、饰品、花卉绿植、地毯等）

（3）采购预算（包括采购物品的名称、规格、数量、单价、总价等）

（4）工作周期表

第三条：工作周期。

（1）初步方案阶段：作为工程承接公司，乙方需在_________（年/月/日）至_________（年/月/日）将初步完成的该项目室内软装配饰设计方案提交甲方，甲方应在收到方案一周内提出整改意见，乙方有责任听取或采纳甲方的整改意见，最终就设计方案达成共识。该项目的最终审批权在甲方。

在此期间，乙方需向甲方提供该项目的初步设计方案的讲解、说明（PPT形式），户型平面及相关陈设的摆放位置图，以及方案中涉及的物品详细的说明图、尺寸图。

（2）采购阶段：若初步设计方案无异议，在乙方收到甲方的预付款之后_________个工作日内完成物品的采购或订制工作。

（3）安装摆放阶段：采购或订制工作完成之后，确定甲方现场的硬装工程已施工完毕，并清洁好现场之后。乙方到达现场完成物品的安装、摆放工作。进行该工作时，主设计师必须在场，确保现场的摆放效果。

（4）该工程周期_________（签订合同、甲方已付费用）。

第四条：甲方责任及权利。

（1）甲方应按合同约定的时间和金额及时支付工程进度款。

（2）甲方若在合同签订后，在该项目进行阶段无故单方面终止合作，甲方需按照乙方已经完成的工作量支付相应的费用，并支付甲方总工程款 10% 的违约金。

（3）在项目进行的过程中，甲方需有一名主负责人负责与设计师沟通交流，若甲方中途更换负责人，需书面通知乙方，直到工程结束。

（4）若因甲方原因导致工程时间滞后，乙方概不负责。

（5）乙方向甲方提供的各种资料和图片，甲方有权保护，未经允许，甲方不得私自转给第三方。否则，乙方将追究其法律责任。

（6）在陈设物品到达现场的摆放阶段，乙方有责任协助甲方（主要负责）保护其成果，若有人为破坏，乙方可协助修复，甲方需承担相应的费用。

第五条：乙方责任及权利。

（1）乙方按照合同规定时间及时向甲方提交相应的材料和服务，若无故延迟交货，或未按照合同规定时间完成工作，需按日支付甲方未付金额千分之一的违约金。.

（2）乙方需保证项目设计文件的质量，若乙方提供的商品存在质量问题需无偿更新，并承担相应的费用。

（3）若因自然因素或其他不可抗力造成的工程时间延后，乙方不承担责任。

（4）在双方沟通确定项目设计方案后，若因甲方单方面原因变更，造成工期延后，乙方概不负责。

（5）若因所选物品的审美不同，造成双方的争议，乙方应尽量与甲方协商，并满足甲方的购买意图。

第六条：费用给付金额及进度

（1）本项目软装费用总金额合计人民币______________元整（大写）。______________元整（小写）。

（2）本项目软装费用共分 3 期，在合同签订后三天之内，甲方需向乙方支付项目总费用的 60% 作为预付金，合计人民币______________元整（大写）。______________元整（小写）。

（3）货到现场甲方检查并签收后需支付乙方项目总费用的 35% 工程款，合计人民币______________元整（大写）。______________元整（小写）。

（4）现场软装摆放设计完毕后，于当天交付甲方验收，验收合格后，甲方支付乙方该项目的 5% 尾款，合计人民币______________元整（大写）。______________元整（小写）。

第七条：物品的接收。

（1）乙方采购的物品到达项目所在城市之后，甲方需现场接收并查验，无异议后签字确认。

（2）若因运输过程造成物品的破损或毁坏，乙方负责协助甲方协商解决。

（3）甲方在确认现场的硬装工程全部结束，并清洁好现场后，需书面通知乙方。乙方收到确认函后，方可到达现场工作。

第八条：物品摆放过程中，甲乙双方的配合。

（1）在项目现场摆放阶段，甲方需确保现场无与该项目无关的人员在场。

（2）甲方需有一名主要负责人在现场，随时与设计师沟通，并处理一些突发事件。

（3）甲方负责安排人员将物品搬运到现场，并负责物品的开箱工作。

（4）甲方负责安排人员跟乙方工作人员随时清理物品摆放过程中出现的垃圾，保证环境卫生。

（5）在现场摆放阶段，甲方负责物品的安全，保证物品不会遗失。

第九条：质量的保证及验收。

(1) 若所需采购的商品因为市场因素，或现场的摆放效果不理想等因素，在征得甲方同意之后，方可调整。

(2) 甲方需在乙方现场配饰摆放完成后，检查验收，并支付剩余尾款。甲方若无故拖延或未验收，视为验收合格。

第十条：其他。

(1) 在项目进行期间，甲乙双方若遇纠纷，应尽量协商解决。未果，可在当地人民法院起诉。

(2) 本合同在项目完成，双方履行完各自的义务以后，自动解除。

(3) 对于合同中未尽的事宜，可附加协议，附加协议与本合同同样具有法律效力。

第十一条：本合同一式两份，甲乙双方各持一份。合同自双方签字盖章之日起生效，具有同等的法律效力。

甲方单位名称		乙方单位名称	
法定代表人 (签字)		法定代表人 (签字)	
委托代理人 (签字)		签订合同代表 (签字)	
地址		地址	
联系电话		联系电话	
传真		传真	
日期		日期	

第 5 章
经典软装案例赏析

本章学习目标：

- 赏析经典软装实际案例
- 学习赏析风格中的点睛之处
- 对实际的软装能更深入地掌握

5.1 新泰式风格软装配饰设计方案

图 5-1 为新泰式风格软装配饰设计方案案例小样图。该方案融合了传统与现代的装饰元素，既体现了古典风格，又显得非常摩登。

图5-1 新泰式风格软装配饰设计方案案例小样图

泰式风格的传统元素利用现代的手法来表现，既保留了原来风格，又不失时尚的美感。深胡桃木色的木质家具，摩登而雅致的奶白色沙发，米黄、湛蓝色抱枕的色调碰撞，纯白的纱帘等让整个空间显得宁静、素雅、舒适；雅致的陶瓷瓶配上娇艳欲滴的花卉，如图 5-2 ～图 5-5 所示。

图5-2 东南亚风格客厅装饰

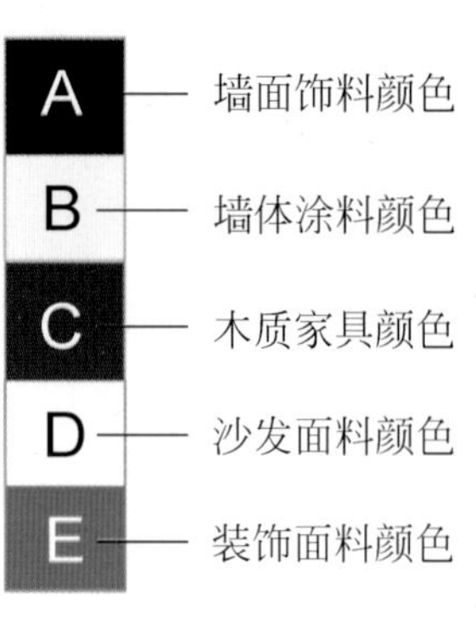

图5-3 空间颜色

图5-4 客厅背景墙装饰图

图5-5　客厅沙发装饰图

别具一格的灯具和地毯遥相呼应，为开放式的餐厅做出了完美的分隔。木质餐桌和白色软包坐椅的搭配，显得质朴又温暖。

餐桌上洁白的餐具点缀蓝色的印花餐布，将泰式风格中的质朴之美表达得淋漓尽致。如图 5-6 ~ 图 5-8 所示。

图5-6　餐厅装饰效果图

图5-7　餐具及装饰效果

图5-8　餐厅及客厅全景

在卧室中，软装材质带来感性的舒适，泰丝制成的各色床上用品体现了绝佳的生活品质。整个空间的色彩搭配舒张中有含蓄，斑斓中有神秘，平和中有激情，这些让喜欢泰式风格的居住者充满了渴望和期待，如图 5-9 ～图 5-11 所示。

图5-9　卧室软装搭配1

图5-10　卧室软装搭配2

图5-11　卧室软装搭配3

地中海风格与泰式风格的完美碰撞，床与尾柜的组合像一个“锚”，与抱枕上“锚”的图案一实一虚相呼应。海军蓝与海星红充斥着整个空间，海星、帆船等，让这个原本淳朴的空间飘满了淡淡的海水味道，仿佛阵阵海风拂过脸颊，如图 5-12 和图 5-13 所示。

图5-12　儿童房软装搭配

图5-13　儿童房搭配效果图

5.2　新中式风格软装配饰设计方案

图 5-14 为新中式风格局部小样。该方案有令人震撼的雅致与气质，体现了浓郁的宗教风格与色彩。新中式风格采用的颜色如图 5-15 所示。

图5-14　新中式风格局部小样

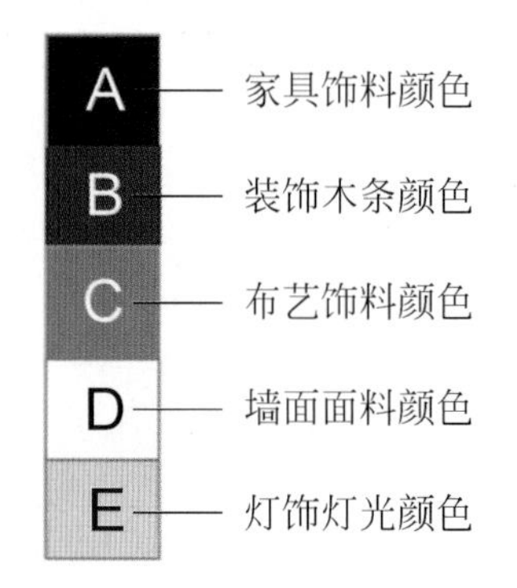

图5-15　新中式风格的空间颜色

质朴、随意又充满格调的中式风格，是富有激情和奔放不羁的年轻人的最爱。整个装饰中处处体现着中式的闲淡、舒适和宁静。

棕木色系的家具和色彩，为空间奠定了淳朴、自然的生活基调。素色的壁纸和木质地板，延伸到空间的各处。带有中国水墨感觉的地毯，使客厅空间显得立体并富有韵味。同色系的软装饰材质的拼接，无处不诠释着随性又洒脱的中式风情。如图 5-16 ～图 5-19 所示。

图5-16　新中式风格局部装饰1

图5-17　新中式风格局部装饰2

韵味感极强的餐厅区域，镂空的隔断，在分隔空间的同时，也使空间家居富有层次感和参差性。细节的巧妙搭配在简单中孕育着细腻的心思，皮质的餐椅、陶制的餐具、俏皮可爱的装饰等软装饰搭配，更加贴近生活、贴近自然，运用宁静的色彩和光影搭配演绎着中国情调。如图 5-20 和图 5-21 所示。

长形格状的石材背景装饰与豪迈奔放的毛笔字画相互映衬，水墨风情与时代元素在这里做出了很好的诠释。木质纹理清晰的家具时尚自然，羊皮灯罩里透出淡淡的黄晕，洒在墙面上，映在桌子上，那一抹温暖在这里淡淡流淌，如图 5-22 所示。

如图 5-23 所示，位于主卧室的衣帽间，古香古色的木质搭配透花的玻璃装饰，一侧的墙面上做了搁架的设计，上面摆放了纹理粗糙的陶艺制品，朴质自然。

时尚与典雅并举更能够受到有品位人士的青睐。在次卧的设计当中，则运用宗教的设计元素来诠释中国佛学的禅韵。在软装饰的设计中，装饰品的选用也是别具匠心，印有梅花图案的陶瓷台灯典雅温馨；丝绸布艺与带有立体图案的床品搭配，高贵中带着创新的搭配，位于卧室中，娴静淡雅，顿时心情就放松下来……如图 5-24 和图 5-25 所示。

图5-18　新中式风格客厅装饰1

图5-19　新中式风格客厅装饰2

图5-20　新中式风格餐厅装饰1

图5-21　新中式风格餐厅装饰2

图5-22　新中式风格主卧室装饰

图5-23　新中式风格主卧室衣帽间

图5-24 新中式风格次卧室搭配1

图5-25 新中式风格次卧室搭配2

卫生间也表现出饱满的不凡气度，原木色的洗手柜与墙面装饰，透明的玻璃门浴室更加人性化地做了分隔，如图 5-26 和图 5-27 所示。

图5-26 新中式风格次卫生间搭配1

图5-27 新中式风格次卫生间搭配2

5.3　新古典风格软装配饰设计方案

图 5-28 为新古典风格局部小样图。

图5-28　新古典风格局部小样图

在本套设计方案中既保留了古典的浪漫主义情怀，又体现出了现代人的生活品位，非常具有时代气息。细节处的配饰搭配无不体现着新古典带给人们的华贵典雅。

在这里，美式的质朴和新古典的尊贵完美地碰撞，让我们一起迷失在这令人惊叹的绝妙设计之中。如图 5-29 所示为本方案采用的空间颜色。

棕红色的实木家具，保留了美式家具中的怀旧色彩，简化的装饰线条，看起来简单又不失庄重。尊贵的金色皮质软包床头背景，搭配花卉的丝质床上用品，在水晶灯的映衬下，显得高贵华丽。如图 5-30 ～ 5-36 所示。

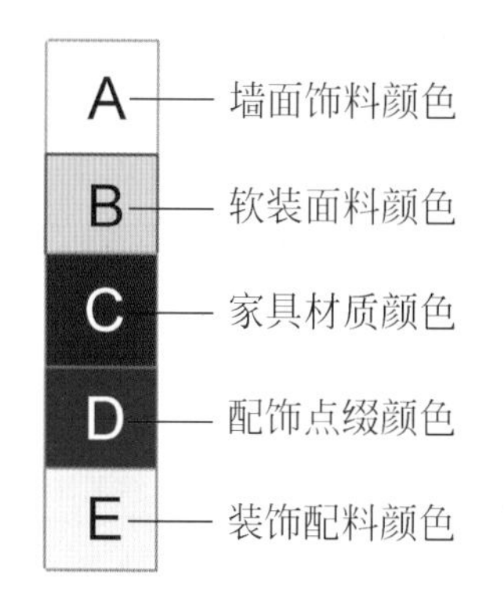

图5-29　新古典风格软装采用的空间颜色

图5-30　客厅软装配饰效果图1

图5-31　客厅软装配饰效果图2

图5-32　玄关软装配饰效果图1

图5-33　玄关软装配饰效果图2

图5-34　主卧室软装配饰效果图1

图5-35　主卧室软装配饰效果图2

图5-36　主卧室局部软装配饰效果图

当一个人娴静下来的时候，看看书、品品咖啡，满卷的书香引导着你的思绪，令人心旷神怡。

精美的台灯加上古铜色的地球仪装饰品，别样的滋味也许就是从这一刻开始的。如图 5-37 和 5-38 所示。

图5-37　书房局部软装配饰效果图

图5-38　书房软装配饰效果图

如图 5-39 ~图 5-41 为儿童房软装配饰效果图。古典中一抹艳丽的红色，让童年充满了艳丽的色彩。

图5-39　儿童房软装配饰效果图

图5-40　儿童房局部软装配饰效果

图5-41　儿童房床头部分软装配饰效果图

5.4　法式风格软装配饰设计方案

图 5-42 为法式风格局部小样图。其空间颜色如图 5-43 所示。该方案给人一种浪漫和典雅的印象，表现得十分精细、考究。

图5-42　法式风格局部小样图

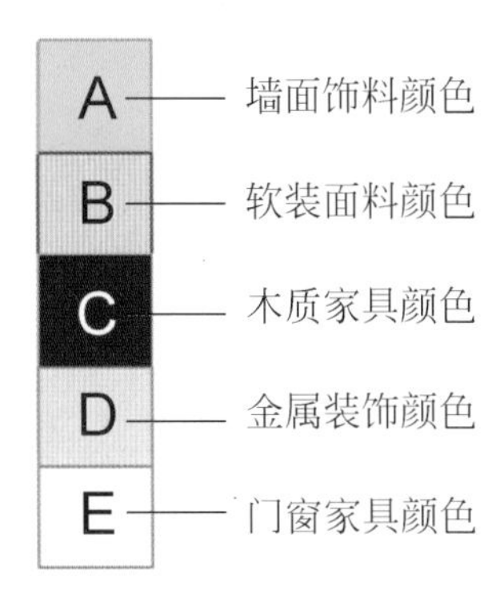

图5-43　法式风格软装配饰的空间颜色

图5-44　法式风格客厅

以浪漫文雅而闻名的法式风格，天生就有着让人不可抗拒的诱惑力。在室内常常用洗白的处理手法与尊贵碰撞，空间配色主要以白、金、深木色为主。在本案例中，设计师加入了淡绿色来辅助空间色调，别有一番风味。

在室内的装饰中，结构厚重的木质家具、抢眼的古典铁艺吊灯、考究的窗帘布艺、独具特色的手工艺装饰品、精心修剪的园艺小景，在这个别墅的每个角落绽放。如图5-44所示。

这套法式风格的装饰，除了低调地表达尊贵的同时，更追求着心灵上的自然归属感。空间结构简洁流畅，精雕细刻的木质与各种花色的布艺结合而成的沙发，随处可见的花卉绿植……所有这一切，仿佛都是主人在绵绵阐述一个遥远又温暖的故事。

除了在整个室内环境当中追求自然典雅的营造之外，在细节之处的搭配也十分考究。沙发的边桌上，一盆修剪小巧的盆栽本来就很吸引眼球了，又放上了两只活灵活现的铜质小鸟。在这般情景之下，怎能不让主人放下手中的书，喝着咖啡，任由思绪飘飞呢！如图5-45～图5-53所示。

对于法式餐厅的氛围营造，餐厅的家具主要选用白色，金色的雕花线条点缀其上。窗扇采用菱格木条装饰，既保留了空气的通畅，又装饰了墙面。餐桌上满是金色印花

图5-45　法式风格客厅搭配效果

图5-46 客厅搭配

图5-47 局部搭配小景1

图5-48 局部搭配小景2

图5-49 主卧局部搭配

图5-50　卧室床头搭配

图5-51　卧室床上用品搭配

图5-52　卧室局部装饰搭配1

图5-53　卧室局部装饰搭配2

的桌旗上，精致的餐具、烛台、雏菊，让人垂涎欲滴的葡萄，成为整个空间的焦点，仿佛此刻，也许今晚，在这餐桌上就有一顿烛光晚餐。如图 5-54 ～图 5-56 所示。

图5-54　餐桌装饰效果

图5-55　餐厅装饰效果2

图5-56　餐厅装饰效果3

餐厅与厨房相连，厨房的橱柜是深棕色，柜面是白色大理石，墙面是浅灰色大理石，这样的色彩搭配在现代简约风格中比较常见。桌面现代风格的装饰画，透明的玻璃碗里盛放着新鲜的蔬果，处处散发着时尚的美感，如图 5-57 ～图 5-60 所示。

图5-57　厨房装饰效果

图5-58　厨房局部装饰1

图5-59　厨房局部装饰2

图5-60　厨房局部装饰3

女儿房中更多展现的是公主气息，大花的公主床幔、壁纸，就连棚顶也满是花色。最爱的萝莉娃娃放满了沙发，它们是女儿练琴时最好的听众。如图 5-61～图 5-64 所示。

图5-61　女儿房装饰效果1

图5-62　女儿房床上装饰

图5-63　女儿房装饰效果2

图5-64　女儿房梳妆台装饰

参考文献

[1] 陈志华 . 外国建筑史 [M]. 北京：清华大学出版社，1997.

[2] 潘谷西 . 中国建筑史 [M]. 南京：东南大学出版社，2001.

[3] 高丰 . 中国设计史 [M]. 南宁：广西美术出版社，2006.

[4] 简名敏 . 软装设计师手册 [M]. 南京：江苏人民出版社，2011.